essentials

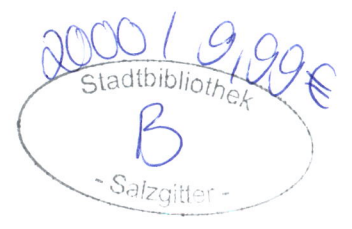

essentials liefern aktuelles Wissen in konzentrierter Form. Die Essenz dessen, worauf es als „State-of-the-Art" in der gegenwärtigen Fachdiskussion oder in der Praxis ankommt. *essentials* informieren schnell, unkompliziert und verständlich

- als Einführung in ein aktuelles Thema aus Ihrem Fachgebiet
- als Einstieg in ein für Sie noch unbekanntes Themenfeld
- als Einblick, um zum Thema mitreden zu können

Die Bücher in elektronischer und gedruckter Form bringen das Expertenwissen von Springer-Fachautoren kompakt zur Darstellung. Sie sind besonders für die Nutzung als eBook auf Tablet-PCs, eBook-Readern und Smartphones geeignet. *essentials:* Wissensbausteine aus den Wirtschafts-, Sozial- und Geisteswissenschaften, aus Technik und Naturwissenschaften sowie aus Medizin, Psychologie und Gesundheitsberufen. Von renommierten Autoren aller Springer-Verlagsmarken.

Weitere Bände in der Reihe http://www.springer.com/series/13088

Katja Urbatsch · Evamarie König

Als Arbeiterkind an die Uni

Praktisches für alle, die als Erste/r in ihrer Familie studieren

Springer Spektrum

Katja Urbatsch
Berlin, Deutschland

Evamarie König
Berlin, Deutschland

ISSN 2197-6708 ISSN 2197-6716 (electronic)
essentials
ISBN 978-3-658-19246-4 ISBN 978-3-658-19247-1 (eBook)
DOI 10.1007/978-3-658-19247-1

Die Deutsche Nationalbibliothek verzeichnet diese Publikation in der Deutschen Nationalbibliografie; detaillierte bibliografische Daten sind im Internet über http://dnb.d-nb.de abrufbar.

Springer Spektrum
© Springer Fachmedien Wiesbaden GmbH 2017
Das Werk einschließlich aller seiner Teile ist urheberrechtlich geschützt. Jede Verwertung, die nicht ausdrücklich vom Urheberrechtsgesetz zugelassen ist, bedarf der vorherigen Zustimmung des Verlags. Das gilt insbesondere für Vervielfältigungen, Bearbeitungen, Übersetzungen, Mikroverfilmungen und die Einspeicherung und Verarbeitung in elektronischen Systemen.
Die Wiedergabe von Gebrauchsnamen, Handelsnamen, Warenbezeichnungen usw. in diesem Werk berechtigt auch ohne besondere Kennzeichnung nicht zu der Annahme, dass solche Namen im Sinne der Warenzeichen- und Markenschutz-Gesetzgebung als frei zu betrachten wären und daher von jedermann benutzt werden dürften.
Der Verlag, die Autoren und die Herausgeber gehen davon aus, dass die Angaben und Informationen in diesem Werk zum Zeitpunkt der Veröffentlichung vollständig und korrekt sind. Weder der Verlag noch die Autoren oder die Herausgeber übernehmen, ausdrücklich oder implizit, Gewähr für den Inhalt des Werkes, etwaige Fehler oder Äußerungen. Der Verlag bleibt im Hinblick auf geografische Zuordnungen und Gebietsbezeichnungen in veröffentlichten Karten und Institutionsadressen neutral.

Grafik: Qualität im Design, Jenny Woste
Fotos: ArbeiterKind.de

Gedruckt auf säurefreiem und chlorfrei gebleichtem Papier

Springer Spektrum ist Teil von Springer Nature
Die eingetragene Gesellschaft ist Springer Fachmedien Wiesbaden GmbH
Die Anschrift der Gesellschaft ist: Abraham-Lincoln-Str. 46, 65189 Wiesbaden, Germany

Was Sie in diesem *essential* finden können

- Erster Überblick über die neue, fremde Hochschulwelt
- Verständnis für mögliche Reaktionen deiner Familie auf dein Studium und Unterstützung
- Ermutigung, sich Unterstützung zu holen
- Die typischen Herausforderungen von Studierenden der ersten Generation und Unterstützungsmöglichkeiten und Lösungswege
- Ermutigung, deinen Weg zu gehen bzw. einen neuen Weg einzuschlagen und ein Studium zu wagen

Vorwort

Wer aus einer Familie stammt, in der noch niemand studiert hat, muss erst einmal auf die Idee kommen zu studieren. Denn natürlich haben die Bildungs- und Berufswege der Eltern und anderer Familienmitglieder großen Einfluss auf die Schullaufbahn und Ausbildungsentscheidung der Kinder. Es ist naheliegend, dass Eltern für ihre Kinder Vorbilder sind und auch den eigenen oder einen ähnlichen Bildungsweg empfehlen. Doch die Entscheidung, ob jemand studiert, sollte nicht vom Bildungshintergrund der Eltern, sondern von den eigenen Interessen und Talenten abhängig gemacht werden. Entscheidet man sich als Erste/r in der Familie für ein Studium fehlt es jedoch an Ansprechpartnern im familiären Umfeld. Wir kennen diese Erfahrung, denn wir haben selbst als Erste in unserer Familie studiert und haben damit in unseren Familien einen neuen Bildungsweg eingeschlagen. Wir wissen, was es heißt, sich alleine und häufig mühsam die notwendigen Informationen zu erarbeiten und passende AnsprechpartnerInnen zu finden. Die ein oder andere Information haben wir jedoch auch zu spät erhalten, um uns beispielsweise um Stipendien bewerben zu können. Oder uns war gar nicht klar, dass wir zur Gruppe der sogenannten Studierenden der ersten Generation gehören und hätten uns mehr Austausch mit anderen darüber gewünscht.

Aus diesem Grund hat Katja Urbatsch 2008 gemeinsam mit ihrem Bruder Marc Urbatsch und ihrem Partner Wolf Dermann ein Internetportal mit dem Namen ArbeiterKind.de gestartet. Sie hat sich zum Ziel gesetzt, Schülerinnen und Schüler aus Familien ohne Erfahrungen an der Hochschule zum Studium zu ermutigen, zu informieren und beim Studieneinstieg zu unterstützen. Das Internetportal bekam schnell große Aufmerksamkeit, sodass sich aus ganz Deutschland Menschen gemeldet haben, die ebenfalls als erste in ihrer Familie studierten oder ihr Studium bereits erfolgreich abgeschlossen hatten. Inzwischen engagieren sich bundesweit 6000 Ehrenamtliche in 75 lokalen ArbeiterKind.de-Gruppen, um durch das eigene Vorbild zu ermutigen und ihre Erfahrungen an SchülerInnen, StudentInnen und Eltern weiterzugeben. Sie teilen ihre Bildungsgeschichten beispielsweise in Informationsveranstaltungen für Schülerinnen und Schüler und bieten regelmäßig offene Treffen an.

Seit einigen Jahren hat ArbeiterKind.de auch ein hauptamtliches Team, in dem Evamarie König für die Presse- und Öffentlichkeitsarbeit verantwortlich ist. Gemeinsam haben wir diesen Ratgeber verfasst, um Schülerinnen und Schülern, die darüber nachdenken, als erste in ihrer Familie zu studieren, zu ermutigen und sie mit Informationen zu unterstützen. Zudem möchten wir denjenigen Verständnis und Rat geben, die bereits als Erste in ihrer Familie studieren, damit sie ihr Studium erfolgreich abschließen und den Berufseinstieg finden können.

Wir bedanken uns ganz herzlich bei den MitarbeiterInnen des Verlags Springer für die Idee und wunderbare Möglichkeit, Studierende der ersten Generation mit einem Ratgeber zu ermutigen und zu begleiten. Unser besonderer Dank gilt Dr. Lisa Edelhäuser und Anette Villnow. Darüber hinaus bedanken wir uns bei allen ehrenamtlich Engagierten sowie hauptamtlichen MitarbeiterInnen von ArbeiterKind.de, deren eigene Erfahrungen und Tipps in diesen Ratgeber eingeflossen sind.

Herzlichst
Katja Urbatsch
Evamarie König

Inhaltsverzeichnis

1	**Einleitung: Als Erste/r aus der Familie studieren**	1
2	**Dein Weg ins Studium.**	5
2.1	Warum studieren?	5
2.2	Wer kann studieren?.	8
2.3	Was studieren?.	9
2.4	Wo studieren?.	11
2.5	Wie kannst du deine Familie miteinbeziehen?.	12
3	**Wie kannst du dein Studium finanzieren?**	15
3.1	Was kostet ein Studium?	15
3.2	Was ist BAföG und wie bekomme ich es?.	16
3.3	Wie kann ich ein Stipendium erhalten?.	17
3.4	Welche weiteren Finanzierungsmöglichkeiten gibt es?.	19
4	**Erfolgreich studieren**	23
4.1	Wie gelingt dein Studieneinstieg?.	24
4.2	Welche typischen Herausforderungen können dir begegnen?.	25
4.3	Wie kannst du deine Stärken für dein Studium nutzen?.	27
4.4	Was solltest du im Studium nicht verpassen?.	27
4.5	Was sagt deine Familie dazu?.	28

5 Den Studienabschluss in der Tasche und jetzt? 31
    5.1   Welche Berufsperspektiven gibt es für AkademikerInnen? 31
    5.2   Warum beginnt der Berufseinstieg bereits im Studium? 32
    5.3   Wie findest du deinen ersten Job? 32
    5.4   Möchtest du eine Doktorarbeit schreiben? 34
    5.5   Welche Stärken du als AkademikerIn der ersten Generation ins Berufsleben einbringst 36

6 Schluss: Nur Mut, du schaffst das! 37

Über die Autorinnen

Katja Urbatsch wurde 1979 in Ostwestfalen geboren und ist Gründerin und hauptamtliche Geschäftsführerin der mehrfach ausgezeichneten gemeinnützigen Organisation ArbeiterKind.de. Sie studierte Nordamerikastudien, Betriebswirtschaftslehre und Publizistik- und Kommunikationswissenschaft an der Freien Universität Berlin. Zudem studierte sie mit einem Stipendium des Deutschen Akademischen Austauschdienstes (DAAD) an der Boston University. Nach ihrem Hochschulabschluss war sie als wissenschaftliche Mitarbeiterin am International Graduate Centre for the Study of Culture der Justus-Liebig-Universität Gießen tätig. 2009 wurde Katja Urbatsch als Ashoka Fellow in ein weltweites Netzwerk von Social Entrepreneurs aufgenommen. Als erste Akademikerin ihrer Familie ist sie mit den Problemen und Studienherausforderungen von Kindern aus Familien ohne Hochschulerfahrungen vertraut.

Evamarie König wurde 1970 in Krefeld geboren. Nach dem Abitur absolvierte sie zunächst eine Ausbildung als Bankkauffrau bei der Dresdner Bank. Anschließend studierte sie Politikwissenschaften, Mittlere und neuere Geschichte sowie Öffentliches Recht an der Universität Bonn und der Universität Toulouse. Ihre berufliche Laufbahn begann sie als Trainee in der PR-Agentur Dikom GmbH in Düsseldorf, gefolgt von Stationen in der Unternehmenskommunikation der Privatbank Sal. Oppenheim in Köln und der Werbeagentur und Unternehmensberatung mc-quadrat in Berlin. Von 2005 bis 2015 war sie als Pressesprecherin des Tierschutzvereins für Berlin tätig. Bei ArbeiterKind.de ist Evamarie König für die Presse- und Öffentlichkeitsarbeit verantwortlich und setzt sich für das Thema Bildungsgerechtigkeit und die Belange von Studierenden der Ersten Generation ein. Sie ist selbst die erste ihrer Familie, die ein Studium absolviert hat.

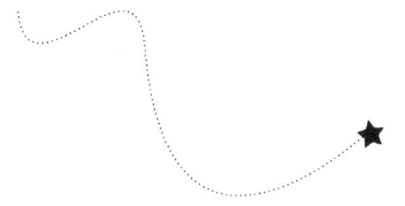

1 Einleitung: Als Erste/r aus der Familie studieren

Wir sind die Ersten in unseren Familien, die einen Hochschulabschluss erreicht haben. Daher wissen wir aus eigener Erfahrung, was es bedeutet, sich als eine/r der ersten in der Familie für ein Studium zu entscheiden und den Schritt an die Hochschule zu wagen. Bist du auch die oder der Erste aus deiner Familie an einer Hochschule oder möchtest es werden?

Wir kennen die typischen Fragen, die sich viele stellen, wenn sie darüber nachdenken, ob sie als Erste/r in ihrer Familie studieren sollen:

- Soll ich studieren oder doch erst mal eine berufliche Ausbildung machen?
- Wie kann ich ein Studium finanzieren?
- Bin ich überhaupt gut genug für ein Studium? Kann ich ein Studium wirklich schaffen?
- Was bringt ein Studium denn überhaupt?
- Was kann ich denn hinterher beruflich machen und wie viel Geld werde ich verdienen?

Und wir kennen auch die typischen Sorgen, die man sich selbst macht oder die von den Eltern oder weiteren Familienmitgliedern und Freunden geäußert werden:

- Vielleicht sollte ich lieber eine berufliche Ausbildung machen, das ist sicherer. Denn da verdiene ich ja gleich Geld und stehe auf eigenen Beinen.

© Springer Fachmedien Wiesbaden GmbH 2017
K. Urbatsch und E. König, *Als Arbeiterkind an die Uni*, essentials,
DOI 10.1007/978-3-658-19247-1_1

- Ein Studium können wir uns nicht leisten. Ich möchte meine Eltern nicht belasten und ich möchte auf keinen Fall Schulden machen.
- Meine Eltern können nicht verstehen, dass ich studieren möchte, vielleicht haben sie ja auch Recht und die Uni ist nichts für mich.

Unsere Erfahrungen möchten wir dir gerne kurz schildern
Katja Urbatsch Ich bin froh, dass ich den Mut hatte zu studieren. Das Studium war eine tolle Zeit für mich, ich habe mich weiterentwickelt und sogar mit einem Stipendium neun Monate in den USA studiert. Dies hätte ich während meiner Schulzeit und auch noch zu Anfang meines Studiums nicht für möglich gehalten. Aber ich habe mir alle Informationen zum Studium mühsam selbst zusammengesucht und einige Informationen, zum Beispiel zu möglichen Stipendien, haben mich zu spät erreicht. Ich hätte mir vor und während des Studiums jemanden gewünscht, die oder der mir vom Studium erzählt und die wichtigsten Informationen mit mir teilt. Und ich hätte mir insbesondere jemanden gewünscht, die oder der weiß, was es heißt, als Erste/r aus der Familie zu studieren.

Aus meiner eigenen Erfahrung als sogenannte Studierende der ersten Generation hatte ich während meines Studiums die Idee, meine Erfahrungen auf einer Internetseite zu teilen, um Schülerinnen und Schüler aus Familien, in denen noch niemand oder kaum jemand studiert hat, zum Studium zu ermutigen und beim Studieneinstieg und auf dem Weg zum erfolgreichen Studienabschluss zu unterstützen. Diese Internetseite heißt ArbeiterKind.de und ist 2008 mit großer positiver Resonanz gestartet. Da sich viele Menschen gemeldet haben, die meine Erfahrungen als Studierende der ersten Generation geteilt haben und mitmachen wollten, hat sich daraus in den letzten Jahren eine gemeinnützige Organisation mit derzeit 6000 Ehrenamtlichen in 75 lokalen ArbeiterKind.de-Gruppen in ganz Deutschland entwickelt. Die Ehrenamtlichen engagieren sich vor Ort als Vorbilder, veranstalten Informationsveranstaltungen für Schülerinnen und Schüler, stehen Studentinnen und Studenten und auch Eltern mit Rat und Tat als MentorInnen zur Seite.

Von dem gemeinsamen Engagement mit vielen Studierenden und AkademikerInnen, die als erste in ihrer Familie studiert haben, habe ich in den letzten Jahren viel gelernt. Ich habe noch mehr darüber erfahren, was es heißt, als Erste/r aus der Familie zu studieren und welche besonderen Herausforderungen es zu bewältigen gilt. Ich habe aber auch gelernt, welche Unterstützung diesen Bildungsaufsteigern geholfen hat, Widerstände zu überwinden und ihr Studium erfolgreich zu meistern.

1 Einleitung: Als Erste/r aus der Familie studieren

Evamarie König Auch ich habe als Erste in meiner Familie studiert. In meiner Familie hatte Bildung einen hohen Stellenwert. Dennoch war gewünscht, dass ich eine Ausbildung absolviere und anschließend einen Beruf ergreife. Ich habe meinen Wunsch durchgesetzt, nachdem ich zunächst eine Ausbildung absolviert habe. Meine Familie hat mich während der Studienzeit immer unterstützt, die Organisation musste ich aber komplett selbst übernehmen. Geholfen haben mir FreundInnen und Mitstudierende. Ich habe schnell ein Netzwerk an Kontakten an der Hochschule aufgebaut und darüber viele wichtige Informationen erhalten. Durch meine Ausbildung habe ich gute Jobs gefunden, die mir die Finanzierung ermöglichten. Ich bin auf eigene Faust für zwei Semester ins Ausland gegangen, habe alles selbst organisiert. Heute gibt es eine Vielzahl von Anlauf- und Beratungsstellen, wo du dir Hilfe holen kannst. Ich kenne das Gefühl, sich fremd an der Hochschule zu fühlen. Es ist mit der Zeit verflogen, aber zu Beginn war ich auch verunsichert. Im Grunde habe ich bei vielen Dingen erst im Nachhinein erkannt, wie stark Verhalten und Wahrnehmung mit der eigenen Herkunft zusammenhängen. Ich bin froh, damals den Mut gehabt zu haben und wusste immer, dass es das ist, was ich machen möchte und was für meine Zufriedenheit entscheidend ist.

In diesem Ratgeber möchten wir daher sowohl unsere eigenen Erfahrungen als auch die Erfahrungen und das Wissen unserer Ehrenamtlichen an nachfolgende Generationen weitergeben. Wir möchten, dass du es etwas leichter hast und die wichtigen Informationen zur richtigen Zeit bekommst, damit dir mehr Möglichkeiten offenstehen.

Dieser Ratgeber soll:

- Dich in deiner Studienentscheidung bestärken
- Fragen beantworten
- Dir einen Wegweiser für deinen Studieneinstieg und das Studium geben
- Dir den Studieneinstieg erleichtern/Dich bei deinem Studieneinstieg mit praktischen Tipps unterstützen
- Dir zeigen, welche typischen Herausforderungen beim Studium für Studierende der ersten Generation auftreten und wie du sie erfolgreich bewältigen kannst
- Dir Rückenwind für deinen Bildungsaufstieg geben
- Dir Sicherheit geben, dass du ein Studium schaffen kannst
- Dich ermutigen, dir Unterstützung zu holen
- Dir einen ersten Überblick über die neue, fremde Hochschulwelt geben
- Dir Selbstzweifel und Unsicherheit nehmen
- Dir Verständnis für deine Situation entgegenbringen
- Dein Verständnis fördern, wenn deine Familie nicht sehr positiv auf dein Studium reagiert und dir den Rücken stärken
- Die typischen Herausforderungen von Studierenden der ersten Generation thematisieren und dir Unterstützungsmöglichkeiten und Lösungswege aufzeigen
- Dir Mut machen, deinen Weg zu gehen bzw. einen neuen Weg einzuschlagen und die Herausforderung Studium anzunehmen

Dein Weg ins Studium 2

> Wenn du darüber nachdenkst zu studieren oder dich bereits dazu entschieden hast, dann stellen sich viele Fragen:
>
> - Lohnt es sich für dich, zu studieren?
> - Was spricht für ein Studium?
> - Kann ich mit meinem Schulabschluss oder meiner Ausbildung überhaupt studieren?
> - Habe ich Chancen auf einen Studienplatz oder reichen meine Noten nicht aus?
> - Was soll ich studieren? Die Fächerauswahl ist so groß.
> - Sollte ich an einer Fachhochschule studieren oder an einer Universität? Was ist ein duales Studium?
> - Was werden meine Eltern, Verwandten und Bekannten dazu sagen, wenn ich studieren möchte? Wie kann ich sie davon überzeugen, dass das Studium für mich der richtige Weg ist?

Auf diese Fragen möchten wir dir in diesem Kapitel Antworten geben.

2.1 Warum studieren?

Die eigene Familie, insbesondere die Eltern beeinflussen sehr stark, für welche Schulen und welche Ausbildungswege wir uns entscheiden. Es liegt daher nahe, dass sich Kinder und Jugendliche an den Ausbildungswegen der Familie orientieren. Dies führt jedoch auch dazu, dass Kinder aus Familien, in denen mindestens ein Elternteil studiert hat, mehrheitlich das Gymnasium besuchen, mit dem klaren

Ziel Abitur zu machen und anschließend zu studieren. In Familien, in denen noch niemand studiert hat, sondern alle eine berufliche Ausbildung absolviert haben, ist der Weg zu Gymnasium, Abitur und Studium nicht vorgezeichnet. Kinder und Jugendliche aus diesen sogenannten nicht-akademischen Familien gehen daher häufiger auf Haupt- und Realschulen, Sekundarschulen, Gesamtschulen oder berufliche Schulen. Gründe dafür sind, dass sie beispielsweise von ihren Lehrern keine Gymnasialempfehlung erhalten, dass die Eltern Sorge haben, dass das Gymnasium zu schwer ist und sie nicht helfen können oder auch, weil sich diese Kinder das Gymnasium selbst nicht zutrauen und auch lieber mit Freunden zusammenbleiben möchten. Für diejenigen, die das Gymnasium besuchen und Abitur, also die Hochschulreife erlangen, stellt sich die typische Frage, berufliche Ausbildung oder Studium? Während Akademikerkinder in der Regel über diese Frage gar nicht nachdenken, weil für sie klar ist, dass sie auf jeden Fall studieren werden, ist dies für viele Abiturienten aus nicht-akademischen Familien eine schwierige Entscheidung.

Denn häufig tendiert die eigene Familie dazu, ihren eigenen Bildungsweg weiterzuempfehlen und für diesen Weg findet sie viele Argumente. Sie hält die berufliche Ausbildung für den sichersten Weg, der bereits kurzfristig Einkommen verspricht. Zudem kann sie bei einer beruflichen Ausbildung aufgrund ihrer eigenen Erfahrungen behilflich sein, zum Beispiel bei der Suche nach einem Ausbildungsplatz. Wenn es um Fragen rund ums Studium geht, ist sie eher verunsichert, da sie sich nicht auskennt. Viele Eltern machen sich Sorgen, dass ein Studium nicht finanzierbar ist, dass es zu unsicher ist und sie können nicht einschätzen, ob die Tochter und der Sohn ein Studium schaffen können.

Welche Gründe sprechen nun für ein Studium? Warum studieren?
1. Weil du dich für ein bestimmtes Studienfach interessierst
2. Weil nur ein Studium zu deinem Berufsziel führt
3. Weil ein Hochschulabschluss viele berufliche Möglichkeiten eröffnet
4. Weil du dir im Studium wichtige allgemeine Schlüsselqualifikationen aneignest
5. Weil Akademikerinnen spezifische Fachkenntnisse erwerben, die den Ein- und Aufstieg in höhere Positionen erleichtern
6. Weil AkademikerInnen am wenigsten von Arbeitslosigkeit betroffen sind
7. Weil HochschulabsolventInnen häufig mehr verdienen

2.1 Warum studieren?

8. Weil du bereits innerhalb von drei oder vier Jahren ein Bachelorstudium absolvieren kannst
9. Weil du deinen Horizont erweitern möchtest
10. Weil das StudentInnen-Leben noch viel mehr zu bieten hat.

Es gibt Studienfächer, für die es keine vergleichbare Ausbildung als Alternative gibt, beispielsweise die Geistes- oder Gesellschaftswissenschaften. Dann solltest du überlegen, ob ein Studium der Germanistik oder Geschichte für dich interessant ist, und welche Berufsmöglichkeiten sich daraus ergeben. Manche Berufsziele lassen sich nur durch ein Hochschulstudium erreichen, wie Anwalt, Arzt oder auch Lehrer. Hier ist ein Studium an einer Hochschule Voraussetzung. Letztendlich hat man aber auch mit einem Jura- oder Lehramtsstudium noch viele andere Möglichkeiten neben dem typischen Anwalts- oder Lehrerberuf und ist, anders als bei einer Ausbildung, nicht auf einen konkreten Beruf festgelegt. Praktika während des Studiums helfen dir, das spätere Berufsfeld herauszufinden. Die größere Bandbreite bei der Berufswahl ist ein großer Vorteil eines Studiums. Denn dadurch steigt auch die Chance, immer einen Beruf zu finden und nicht arbeitslos zu werden. Die Arbeitslosenquote von AkademikerInnen liegt bei nur 2,4 %, während 4,6 % der Personen mit Lehr- oder Fachschulabschluss betroffen sind. Bei einem Studium geht es nicht nur um das Aneignen von Inhalten, es werden vor allem auch wichtige Schlüsselqualifikationen erworben, die später im Beruf und gerade auch in höheren Positionen gebraucht werden. Dazu zählen beispielsweise Problemlösungskompetenz, strategisches Denken oder Sozialkompetenzen. Aber auch die im Studium erworbenen spezifischen Fachkenntnisse wie Hintergründe von Produkten, Prozessen oder Anwendungen bereiten dich auf eine höhere Position vor. AkademikerInnen haben im Durchschnitt ein höheres Gehalt als AbsolventInnen einer Ausbildung. Hierbei kommt es auch auf das Berufsfeld und den Arbeitgeber an. Das ist auch der Grund, warum viele Menschen mit Berufsausbildung später noch ein Studium aufnehmen, da sie, was die Position und die Bezahlung betrifft, an ihre Grenzen gestoßen sind.

Heutzutage muss ein Studium nicht zwangsläufig länger dauern als eine Ausbildung. Du kannst schon innerhalb von drei oder vier Jahren den Bachelor-Abschluss erreichen. Damit hast du schon einen vollwertigen akademischen Abschluss, der dir den Einstieg ins Berufsleben ermöglicht. Ein Studium bietet dir viele Möglichkeiten, dazuzulernen, deinen Horizont zu erweitern und deine Persönlichkeit entscheidend weiterzuentwickeln. Du kannst ins Ausland gehen, viele Menschen aus aller Welt treffen und wichtige Kontakte knüpfen und Freundschaften schließen, die dich später dein Leben lang begleiten. Ein Studium bietet darüber hinaus viele Vorteile, ein breites Hochschulsportangebot beispielsweise, wo du dich für wenig Geld ausprobieren kannst. Du lernst ständig neue Leute auch aus anderen Kulturen kennen, kannst das Leben in einer Wohngemeinschaft ausprobieren und insgesamt freier über deine Zeit verfügen, als das später im Berufsleben möglich ist.

2.2 Wer kann studieren?

Es gibt mittlerweile viele Wege, die an die Hochschule führen können. Wir haben sie hier aufgeführt:

Erster Bildungsweg: Allgemeine Hochschulreife (Abitur)
Wenn du das Abitur bestanden hast, hast du damit die Allgemeine Hochschulreife erworben und darfst studieren. Die Fächerwahl ist unbegrenzt, bei manchen Fächern musst du allerdings Zulassungsbeschränkungen, also eine begrenzte Zahl an Studienplätzen, berücksichtigen.

Die fachgebundene Hochschulreife
Wenn du die sogenannte „fachgebundene Hochschulreife" hast, darfst du bestimmte Studiengänge an Universitäten und alle Studiengänge an Fachhochschulen studieren. Du erwirbst sie über bestimmte Berufskollegs, Berufsoberschulen oder Fachakademien.

Die Fachhochschulreife (Fachabi)
Diesen Abschluss erwirbst du, wenn du einen schulischen und einen praxisbezogenen Prüfungsteil bestehst. Den schulischen Teil bestehst du je nach Bundesland mit Abschluss einer 11. oder 12. Klasse einer oberen Schulform, den praktischen Teil absolvierst du mittels Berufspraktikum, einer abgeschlossenen Berufsausbildung oder einem Praktikum in der 11. Jahrgangsstufe der Fachoberschule.

Zweiter Bildungsweg
Auch wenn du einen Haupt- oder Realschulabschluss hast, kannst du studieren. Der Weg ist dann etwas länger. Die Regelungen sind von Bundesland zu Bundesland verschieden, da Bildung Ländersache ist. In manchen Bundesländern kannst du mit einer abgeschlossenen Berufsausbildung und zwei Jahren Berufserfahrung ein Studium aufnehmen.

In der Regel gilt, wer einen Hauptschulabschluss hat, muss erst die mittlere Reife erlangen, um studieren zu können. Berufserfahrung ist in jedem Fall ein Pluspunkt.

Du kannst natürlich auch das Abitur auf dem zweiten Bildungsweg nachholen.

Studieren ohne Abitur
Hier zählt vor allem zwei- bis fünfjährige Berufserfahrung und ein erfolgreicher Ausbildungsabschluss zu den Mindestvoraussetzungen. Meist kommt noch eine Eignungsprüfung an der jeweiligen Hochschule hinzu, manchmal auch ein einjähriges Probestudium, um zu sehen, ob du das Studium bewältigen kannst.

Hochschulzugang als Meister
Wenn du nach der Berufsausbildung eine Aufstiegsfortbildung bestanden hast, also den Meister, Techniker oder Fachwirt gemacht hast, dann hast du die gleichen Zugangsmöglichkeiten zum Studium wie AbiturientInnen, kannst also jeden Studiengang an Universitäten oder Fachhochschulen studieren.

2.3 Was studieren?

Nach welchen Kriterien solltest du dein Studienfach auswählen, nach Vernunft, Fähigkeit oder Interesse? Die Entscheidung ist nicht leicht. Vernünftig wäre es, ein Fach mit guten Jobperspektiven zu wählen. Allerdings kann es dir passieren, dass sich im Laufe des Studiums die Perspektiven ändern, oder aufgrund der guten Prognosen sehr viele Studierende mit dir das Fach wählen, wodurch hinterher wieder die Chancen auf einen tollen Job sinken. Wenn du dich sehr für eine Studienrichtung begeisterst, bist du erfahrungsgemäß erfolgreicher in dem Studium und hältst auch Durststrecken besser durch. Bei einem Studium, das nur aus rationalen Gründen gewählt wurde, droht oft der Studienabbruch. Du musst dir bewusst machen, dass du dich mit der Fachrichtung inhaltlich später dein Leben lang auseinandersetzen musst. Deshalb ist überdurchschnittliches Interesse wichtig für den Erfolg.

Du solltest deinen individuellen Weg finden, in dich hineinhorchen, mit Freunden, Lehrern oder der Familie beraten und dich gut über das Studienangebot und mögliche spätere Berufsfelder informieren. Nutze die Angebote zur Studien- und Berufsorientierung an deiner Schule, oder wende dich an deine ArbeiterKind.de-Gruppe vor Ort.

Im Berufsinformationszentrum (BIZ) oder auf den Homepages der Hochschulen findest du Informationen über die angebotenen Studienfächer und die Studienberatung. Ist das gewünschte Studienfach zulassungsfrei, kannst du dich direkt an der Hochschule einschreiben. Merke dir gut den Termin für die Einschreibung.

Ist dein Studienfach zulassungsbeschränkt, gibt es einen Numerus clausus (NC) für dieses Fach, d. h. es kann nur eine bestimmte Zahl von Studierenden das Studium anfangen. Wer die begehrten Plätze bekommt, entscheiden verschiedene Kriterien. Entweder man bekommt den Platz aufgrund der guten Abiturnote oder aufgrund von einem Kriterienmix, der Auswahlquote der Hochschulen. Wer eine lange Zeit zwischen Abitur und Studienbewerbung nicht studiert hat, bekommt den Studienplatz möglicherweise über die sogenannte Wartezeit.

Wie du dich für ein zulassungsbeschränktes Studienfach bewerben musst, steht immer auf den Webseiten der Hochschule. Häufig musst du dir dafür einen Zugang bei www.hochschulstart.de einrichten und lange Online-Formulare ausfüllen.

Bedenke unbedingt die Fristen für die zulassungsbeschränkten Fächer:

15. Juli für das Wintersemester
15. Januar für das Sommersemester

Wenn du dich für das Studium nicht im gleichen Jahr bewirbst, in dem du das Abitur abgelegt hast, kann die Bewerbungsfrist sogar ein bis zwei Monate früher liegen.

Für die Fächer Medizin, Pharmazie, Tiermedizin oder Zahnmedizin läuft die Bewerbung über die Stiftung für Hochschulzulassung, die nötigen Unterlagen findest du ebenfalls auf www.hochschulstart.de.

2.4 Wo studieren?

Jetzt geht es um die Frage, in welcher Stadt, aber auch an welcher Hochschulform du studieren möchtest. Grundsätzlich bieten Großstädte ein attraktives Freizeit- und Kulturangebot, aber auch hohe Mieten und lange Fahrtzeiten. In kleineren Städten bist du weniger abgelenkt, es geht familiärer zu und die Wohnungen sind noch bezahlbar. Bedenke, nicht jedes Studienfach wird an jeder Hochschule angeboten. Auch im Ausland besteht eine Möglichkeit, Bachelor oder Master oder beides zu absolvieren. Wenn du nicht mit Fächern wie Medizin oder Jura einen fünfjährigen Staatsexamens-Studiengang studierst, dann beginnt dein Studium mit dem Bachelor-Studiengang. Er umfasst in der Regel 3–4 Jahre. Hier erwirbst du einen Abschluss, mit dem du dich auf dem Arbeitsmarkt bewerben kannst. Du kannst danach noch den Master anschließen, hierfür musst du dich wieder neu bewerben, möglicherweise an einer anderen Hochschule an einem anderen Ort. Wer von vornherein einen bestimmten Masterabschluss anstrebt, sollte darauf achten, den richtigen Bachelor-Studiengang zu belegen, der als Voraussetzung anerkannt wird. Mit einem schlechten Bachelor-Abschluss kann es sein, dass die Bewerbung um einen Masterplatz abgelehnt wird.

Du hast nun die Wahl zwischen privaten Hochschulen, die oftmals Studiengebühren erheben, und öffentlichen Hochschulen. Die privaten Hochschulen locken oft mit sehr spezialisierten Studiengängen. Meistens kannst du aber auch einen allgemeinen Studiengang an einer staatlichen Hochschule studieren, indem du dich einfach auf den gleichen Schwerpunkt spezialisierst und damit Studiengebühren sparst. Die renommierten ProfessorInnen lehren in Deutschland meistens an den staatlichen Hochschulen, weshalb diese Studienabschlüsse anders als in anderen Ländern nicht weniger wertgeschätzt werden, als die von Privathochschulen.

An einer Universität herrscht meist ein sehr breites Angebot. Universitäten sind eher wissenschaftlich ausgerichtet und dürfen allein einen Doktortitel vergeben. An Fachhochschulen (FH) werden vor allem technische Studienfächer wie Ingenieurwissenschaften oder Naturwissenschaften angeboten, aber auch sozialwissenschaftliche Fächer. Die Fachhochschulen haben den Ruf, eher praxisbezogen zu sein, in den technischen Fächern ist dieser Unterschied aber kaum noch vorhanden.

Sport-, Kunst- und Musikhochschulen sind spezialisiert auf die jeweiligen Studiengänge. Hier musst du eine Aufnahmeprüfung ablegen bzw. deine Mappe mit künstlerischen Arbeiten vorlegen, um angenommen zu werden. Frage frühzeitig nach Tipps und Informationen bei den jeweiligen Hochschulen, um diese Aufnahme bestehen zu können.

Es gibt auch die Möglichkeit, ein Duales Studium zu absolvieren. Das kannst du an einer Fachhochschule oder an einer Berufsakademie (BA) ablegen. Hier bist du eng in ein Unternehmen eingebunden und arbeitest bereits parallel. Allerdings ist die Verbindung von Studium und dualer Ausbildung oft mit hohen Belastungen verbunden und nur zum Teil sind Inhalte aus Studium und Ausbildung gut miteinander vernetzt. Für viele ist das duale Studium eine tolle Chance, ein Studium doch noch zu finanzieren, denn die Betriebe zahlen dir in der Regel ein ausreichendes Gehalt.

2.5 Wie kannst du deine Familie miteinbeziehen?

Die Reaktion der Familie auf deinen Studienwunsch kann sehr unterschiedlich ausfallen. Vielleicht sind einige Familienmitglieder stolz auf dich und wollen dich nach Kräften unterstützen, andere reagieren vielleicht aber auch skeptisch und können deine Entscheidung nicht nachvollziehen. Sie würden eine Ausbildung bevorzugen, oder zumindest ein anderes Studienfach, unter dem sie sich mehr vorstellen können. Gerade Unverständnis und Kritik kann dich sehr verunsichern. Was du brauchst, ist eigentlich Bestärkung und Unterstützung, nicht Zweifel und fehlende Selbstsicherheit. Deine Familie hat vielleicht Angst, du könntest dich durch das Studium von ihr entfernen, sie vielleicht nicht mehr ernst nehmen. Versuche, deine Familie von Anfang an mitzunehmen, in die Entscheidung einzubeziehen und ihr eine zu Chance geben, sich mit dem Gedanken an dein Studium auseinanderzusetzen.

Erwähne schon während der Schulzeit, dass du gerne studieren möchtest. Unterhalte dich dann auch über das Studienfach und eventuelle Finanzierungsmöglichkeiten wie BAföG. Nutze Tage der offenen Hochschule, um deinen Eltern und Geschwistern deinen künftigen Lernort zu zeigen. Dort stehen häufig auch Lehrkräfte und Studierende für Gespräche zur Verfügung, die gerne Fragen beantworten.

2.5 Wie kannst du deine Familie miteinbeziehen?

Besuch mit deinen Eltern das nächste offene Treffen der ArbeiterKind.de-Gruppe in deiner Nähe, dort stehen erfahrene MentorInnen für sämtliche Fragen rund ums Studieren, die Studienfinanzierung und Studienorganisation zur Verfügung. Außerdem gibt es Informationen für Eltern auf der ArbeiterKind.de-Homepage. Hier finden sie die Grundlagen eines Studiums in verständlichen Worten erklärt. Du kannst deine Familie mit zu einer öffentlichen Vorlesung und in die Mensa nehmen, um ihr einen Eindruck vom Hochschulalltag zu verschaffen. Viele Familien sind dankbar, wenn sie einbezogen werden.

Vielleicht wird deine Familie alle Versuche, sie zu beteiligen, ablehnen und dich in deiner Entscheidung nicht unterstützen wollen. Dann musst du diese Haltung akzeptieren. Umso wichtiger können Begegnungen mit anderen Studierenden der ersten Generation bei ArbeiterKind.de sein, da es sehr hilft, mit Gleichgesinnten zu sprechen, die ähnliche Erfahrungen gemacht haben.

Wie kannst du dein Studium finanzieren? 3

Vielleicht weißt du schon genauer, was dich interessiert und hast dich für einen Studiengang entschieden.

> **Doch jetzt tauchen neue, ganz praktische Fragen auf:**
>
> - Wie viel Geld benötige ich im Monat für ein Studium? Fallen Studiengebühren an?
> - Wenn ich umziehen und eine Wohnung finden muss, wie mache ich das am besten und wie finanziere ich das?
> - Traue ich mich, Schulden aufzunehmen? Wann muss ich die Hilfe zurückzahlen?
> - Bekomme ich BAföG, und wenn ja, ab wann, und wie hoch wird es sein?
> - Was mache ich, wenn ich kein BAföG bekomme? Welche Finanzierungsmöglichkeiten gibt es noch?

3.1 Was kostet ein Studium?

Je nachdem, an welche Hochschule du gehen möchtest und welche Stadt du dir ausgesucht hast, kommen unterschiedliche Kosten auf dich zu. Wenn du weiter bei deinen Eltern wohnst, sparst du natürlich Miet- und Umzugskosten. Auch Möbel musst du dir erst einmal nicht anschaffen. Aber es spricht natürlich auch vieles dafür, von Zuhause auszuziehen und in eine neue Stadt zu ziehen, zum Beispiel um selbstständiger zu werden. Die Kosten für die Miete und Nebenkosten machen laut Deutschem Studentenwerk den größten Anteil der Belastung eines

Studierenden aus. Es hat im Jahr 2016 einen Durchschnittswert von 819 EUR errechnet. Darin enthalten sind Miete, Fahrtkosten, Ernährung, Kleidung, Lernmittel, Krankenversicherung, Kommunikationskosten sowie Freizeitaufwendungen. Hinzu kommen noch Ausbildungskosten, d. h. der Semesterbeitrag pro Semester. Seine Höhe variiert von Hochschule zu Hochschule. Allgemeine Studiengebühren werden an staatlichen Hochschulen nicht erhoben, wohl aber Langzeitstudiengebühren oder Verwaltungsgebühren. Hab keine Angst, wenn du jetzt nicht weißt, wie du die monatlichen Kosten oder den Umzug finanzieren sollst, weil du keine Unterstützung von deinen Eltern erwarten kannst. Es gibt sehr viele Möglichkeiten, sich Unterstützung zu holen und bei der eigenen Lebensführung auf Kostenbewusstsein zu achten.

BAFÖG

3.2 Was ist BAföG und wie bekomme ich es?

Die wichtigste Finanzierungsmöglichkeit für Studierende ist die Förderung nach dem Bundesausbildungsförderungsgesetz, kurz BAföG. Es lohnt sich immer, einen Antrag zu stellen, gerade wenn die Eltern nicht über ein ausreichendes Einkommen verfügen, um zu helfen. Wenn du Schwierigkeiten mit dem Antrag hast, lass dich beispielsweise beim örtlichen Studierendenwerk beraten oder suche dir Hilfe bei den Ehrenamtlichen von ArbeiterKind.de in deiner Nähe. Viele unserer MentorInnen kennen sich sehr gut mit BAföG aus und können ganz praktisch helfen. Auch die kostenfreie BAföG-Hotline des Bundesministeriums für Bildung und Forschung steht für spezielle Fragen zur Verfügung. Unter www.bafoeg-aktuell.de findest du umfassende Informationen, das Antragsformular gibt es auf www.bafög.de als Download.

Zum Wintersemester 2016/2017 sind die Bedarfssätze erhöht worden. Wohnst du zu Hause, kannst du mit bis zu 451 EUR im Monat rechnen, sonst mit 649 EUR. Wer nicht mehr über die Eltern krankenversichert ist, bekommt 86 EUR mehr im Monat. BAföG ist eine Förderung, die zu gleichen Teilen aus einem Zuschuss und einem zinslosen Darlehen besteht, d. h. du musst später nur die Hälfte bis maximal 10.000 EUR zurückzahlen, und das auch erst fünf Jahre nach der letzten Zahlung, sofern du genug eigenes Einkommen hast. Maßgeblich für die Höhe ist das Einkommen und Vermögen der Eltern, auch dein eigenes Vermögen geht in die Berechnung ein. Liegen Einkommen oder Vermögen zu hoch, sinkt die Höhe des BAföG. Ehrlichkeit ist hier angebracht, sonst kann es passieren, dass du später Rückforderungen erhältst.

Wichtig ist, dass du den Antrag frühzeitig stellst, d. h. sobald du eine Studienplatzzusage hast. Die Bearbeitungszeit dauert gerne sechs Wochen und länger. Rückwirkend wird nur ab Antragstellung gezahlt, nicht ab Start des Semesters. Stellst du den Antrag nicht spätestens im ersten Monat deines Studiums, verlierst du Geld. Du kannst im Notfall auch kurzfristig einen formlosen Antrag stellen. Mustervorlagen findest du unter www.bafoeg-aktuell.de.

BAföG wird für die Regelstudienzeit laut Studienordnung gezahlt. Das umfasst einen kompletten Bachelor- und Masterstudiengang mit einem Umfang von 9–10 Semestern. Über den erfolgreichen Verlauf deines Studiums musst du beim BAföG-Amt Leistungsnachweise vorlegen. Du kannst in den ersten beiden Semestern problemlos das Studienfach wechseln, in späteren Semestern wird das BAföG dann in der Regel gestrichen. Wenn du länger für das Studium brauchst, kannst du in bestimmten Fällen auch eine Verlängerung beantragen.

3.3 Wie kann ich ein Stipendium erhalten?

Auf jeden Fall solltest du dich über ein Stipendium informieren. Es ist nämlich keineswegs so, dass nur Überflieger ein Stipendium erhalten. Viele rechnen sich keine Chancen aus und bewerben sich erst gar nicht. Dabei gibt es eine Fülle von Stipendien, und häufig zählen für die Bewertung nicht nur sehr gute Noten, sondern das persönliche Gesamtbild. Auch mit weniger guten Noten hast du durchaus Chancen auf ein Stipendium. Tatsächlich ist es so, dass Stipendiengeber oft Menschen suchen, die sich für andere engagieren. Viele Stiftungen suchen dabei ganz gezielt nach Studierenden der ersten Generation. Auch Studierende an Fachhochschulen stehen besonders im Fokus, ihr Anteil soll weiter erhöht werden. Und was die Noten betrifft: auch mit einem Abi-Durchschnitt mit einer Zwei hast du gute Chancen, StipendiatIn zu werden. Viele ehrenamtlich Engagierte bei ArbeiterKind.de haben ein Stipendium erhalten und können dir bei Fragen oder dem Motivationsschreiben helfen. Sie kennen sich mit den Bewerbungsverfahren aus und können dir helfen, sich auf einen Termin vorzubereiten.

Es lohnt sich immer, sich um ein Stipendium zu bemühen, denn das Geld, das du erhältst, musst du nicht zurückzahlen. Außerdem profitierst du von einem Netzwerk und erhältst neben der finanziellen Förderung auch ideelle Förderung in Form von Workshops oder Weiterbildungsangeboten. Ein Stipendium wirkt sich immer positiv auf deinen Lebenslauf aus. Drei Hauptkriterien entscheiden in der Regel bei der Auswahl: Engagement, Leistung und Passung. Hierbei geht es um bestimmte Kriterien oder Werte, mit denen du dich identifizieren solltest. Deshalb solltest du dir das Stipendienangebot genau anschauen und überlegen, wo du am besten hineinpassen könntest.

Wir möchten dir hier gerne einen Überblick über die Stipendienlandschaft in Deutschland geben. Sie lässt sich in drei etwa gleich große Gruppen unterteilen:

Die 13 Begabtenförderwerke
Hierunter fallen die großen, vom Bundesbildungsministerium geförderten Stipendiengeber wie die Studienstiftung des Deutschen Volkes, die parteinahen Stiftungen wie Friedrich-Ebert-Stiftung oder Konrad-Adenauer-Stiftung, die Stiftungen der Arbeitgeberverbände und der Gewerkschaften oder auch religiöse Stiftungen wie das Cusanuswerk oder das Avicenna-Studienwerk.

Da es sich um eine staatliche Finanzierung handelt, richtet sich der Förderbetrag nach der Höhe deines BAföG-Anspruchs, also auch dem Einkommen deiner Eltern. Maximal 949 EUR im Monat ohne Zuschläge sind möglich. Wenn du oder deine Eltern viel verdienen, sinkt das Stipendium auf die Höhe der Studienkostenpauschale von 300 EUR. Nicht bewerben können sich Studierende, die grundsätzlich aus dem BAföG rausfallen, etwa weil sie nach dem vierten Semester noch einmal Studiengänge gewechselt haben oder an einer privaten Hochschule studieren, die nicht BAföG-anerkannt ist. Gefördert wird in der Regel bis zum Studienende. Weitere Informationen hierzu findest du unter www.stipendiumplus.de.

Auch das Aufstiegsstipendium zählt zu den staatlich geförderten Stipendien. Es wird von der Stiftung Begabtenförderung berufliche Bildung vergeben. Du kannst es erhalten, wenn du eine abgeschlossene Berufsausbildung hast und danach mindestens zwei Jahre Berufserfahrung in Vollzeit nachweisen kannst. Unabhängig von deinem Einkommen erhältst du 815 EUR pro Monat. Hierfür kannst du dich schon vor der Aufnahme eines Studiums bewerben und von der Zusage abhängig machen, ob du weiterarbeitest oder studierst.

▶ **Das Deutschlandstipendium** Das Deutschlandstipendium wird direkt von der jeweiligen Hochschule vergeben. Es umfasst einkommensunabhängig immer 300 EUR im Monat, befristet für ein Jahr. Der Bewerbungsaufwand ist hierbei nicht so hoch wie bei den anderen Stipendien. Allerdings unterscheidet sich das Verfahren von Hochschule zu Hochschule. Da meist Unternehmen einen Teil des Stipendiums an die Hochschule zahlen, kommst du über das Deutschlandstipendium oft auch an wertvolle Kontakte zu möglichen Arbeitgebern. Wenn du wissen willst, ob deine Hochschule ein Deutschlandstipendium anbietet, kannst du das hier auf der Karte nachsehen http://www.deutschlandstipendium.de/de/1970.php.

◆ **Über 2000 kleine Stipendiengeber**

Darüber hinaus gibt es sehr viele kleine Stipendien, die nach speziellen Kriterien wie beispielsweise Studienort oder Studienfach vergeben werden. Sie bieten den Vorteil, dass sie nur wenige Bewerbungen erhalten und deine Chancen recht groß sind, wenn du erst einmal ein passendes Angebot gefunden hast. Du kannst bei deiner Suche auf Suchmaschinen wie www.stipendienlotse.de oder www.mystipendium.de zurückgreifen.

Grundsätzlich solltest du bei deiner Bewerbung genau schauen, welche Werte und Ansichten das betreffende Förderwerk vertritt. Schau dir auf jeden Fall die Stipendiateninterviews auf unserer Homepage www.arbeiterkind.de an. Dort bekommst du einen näheren Eindruck vom Ablauf des Verfahrens und der Art und Weise der Förderung. Plane auf jeden Fall genug Zeit für deine Bewerbung ein. Gerade beim Motivationsschreiben solltest du dir Mühe geben und es anderen Leuten vorher zeigen. Du musst darin deutlich machen, warum du zu genau diesem Stipendium passt. Auch das Einfordern von Gutachten von LehrerInnen oder ProfessorInnen nimmt gerne mal zwei bis vier Wochen Zeit in Anspruch.

Wenn du zu einem Bewerbungsgespräch eingeladen wirst, kannst du dich darauf auch gut vorbereiten. Alle sprechen gerne über tagespolitische Themen. Wenn du ein bis zwei Wochen vorher täglich Zeitung liest, kannst du dazu auch mitreden, eine eigene Meinung vertreten und machst dadurch einen guten Eindruck. Du solltest die Webseite der Stiftung vorher noch mal genau studieren und dich auf Fragen zu deinem Lebenslauf vorbereiten. Wenn du dir unsicher bist, wie du die Bewerbung angehen sollst, wende dich gerne an die örtliche ArbeiterKind.de-Gruppe in deiner Nähe. Viele unserer Ehrenamtlichen sind selbst StipendiatInnen und kennen sich mit den Bewerbungsverfahren aus. Sie unterstützen gerne beim Motivationsschreiben und beantworten deine Fragen. In einigen Städten werden inzwischen auch Stipendientage veranstaltet, wo du direkt mit StipendiatInnen ins Gespräch kommen kannst.

3.4 Welche weiteren Finanzierungsmöglichkeiten gibt es?

Der Studentenjob ist für viele Studierende Teil ihrer Finanzierungsstrategie. Jobben ist durchaus sinnvoll, wenn du für deinen späteren Beruf wichtige Kontakte knüpfen und Berufserfahrung sammeln kannst. Der Job hat also idealerweise etwas mit deinem Studium zu tun. Ist das nicht der Fall, solltest du auf jeden Fall darauf achten, dass Aufwand und Ertrag in einem guten Verhältnis stehen. Denn du brauchst die Zeit vor allem für dein Studium. Empfehlenswert ist ein Job als studentische Hilfskraft. Du findest die Ausschreibungen an den schwarzen Brettern der Hochschulen. Hier wird häufig für eine überschaubare Stundenanzahl gutes Gehalt gezahlt. Außerdem wirst du bekannt an der Hochschule und lernst die Arbeit am Lehrstuhl aus erster Hand kennen.

Wenn du jobbst und auch BAföG beziehst, solltest du beachten, dass du nicht mehr als 450 EUR im Monat verdienst bzw. 5400 EUR im Jahr. Alles, was darüber hinaus geht, wird dir vom BAföG hinterher abgezogen. Wenn du Fragen dazu hast, ruf einfach bei der BAföG-Hotline unter Tel. 0800-223 63 41 an. Für deine Jobsuche haben wir ein paar empfehlenswerte Links gesammelt:

Auf www.jobmensa.de kannst du nach Jobs suchen. Auch die Jobbörse der Bundesagentur für Arbeit bietet dazu etwas an. Oder du hinterlegst dein Profil auf http://bewerber.studenten-vermittlung.com/ und kannst dort recherchieren. An den Hochschulen gibt es häufig sogenannte „Career-Center", die dir Jobs und Praktika vermitteln. Sie geben auch Tipps zum Berufseinstieg und veranstalten Seminare rund um dieses Thema.

Eine weitere Möglichkeit, finanzielle Engpässe vielleicht am Ende des Studiums bzw. in der Examensphase zu überbrücken, sind Studienkredite. Hier solltest du dich genau erkundigen, welche Möglichkeiten es gibt und mehrere Angebote einholen und vergleichen. Du solltest nicht leichtfertig einen Kredit aufnehmen, da du ihn später mit Zinsen vollständig zurückzahlen musst. Ein Kredit kann aber durchaus eine Lösung für dich sein, wenn du wirklich nur eine kurze Phase im Studium überbrücken willst und dein Examen nicht noch durch aufwendige Nebenjobs gefährden möchtest. Auch ein Auslandssemester kannst du durch einen Studienkredit finanzieren.

Wir empfehlen dir, zunächst die Beratung von deinem AStA (Allgemeiner Studierendenausschuss) aufzusuchen. Sie sind häufig gut vernetzt und können dir wertvolle Tipps geben. Auch die Studienberatung oder die Beratungsstelle deines Studentenwerks können dir weiterhelfen. Häufig wissen auch die Ehrenamtlichen von ArbeiterKind.de gut Bescheid und haben noch weitere Ideen.

Es gibt zwei staatliche Angebote, die sehr stark nachgefragt werden:

Da ist zum einen der staatliche Bildungskredit der KfW (Kreditanstalt für Wiederaufbau) Er wird unabhängig vom Einkommen der Eltern oder vom BAföG und frühestens nach zwei Jahren Studium bzw. der Zwischenprüfung vergeben. Er dient genau dem Zweck, eine kurze Phase des Studiums zu überbrücken. Gezahlt werden maximal 300 EUR monatlich für zwei Jahre, insgesamt also 7200 EUR.

Das zweite staatliche Angebot ist der Studienkredit der KfW. Hier werden monatlich bis zu 650 EUR gezahlt, also deutlich mehr als beim Bildungskredit.

3.4 Welche weiteren Finanzierungsmöglichkeiten gibt es? 21

Ein weiterer Vorteil ist, dass du pro Semester den Auszahlungsbetrag neu festlegen kannst. Hier solltest du dich von unabhängiger Seite beraten lassen und immer nur die Höhe abrufen, die dir nach allen anderen Finanzierungsmöglichkeiten am Ende noch fehlt. Weitere Informationen findest du bei studis-online unter www.studis-online.de/StudInfo/Studienfinanzierung/studienkredit_kfw.php.

Auch die Kreditinstitute bieten private Studienkredite an, die in Höhe und Zinssatz sehr stark variieren. Auch hier gilt insbesondere: beraten lassen und vergleichen!

Eine besondere Variante des Studienkredits ist die Finanzierung über sogenannte Bildungsfonds. Investoren zahlen eine bestimmte Summe in einen gemeinsamen Fonds ein, aus dem dann Studienkredite vergeben werden. Nach Abschluss des Studiums zahlt der oder die Studierende eine bestimmte Zeit lang einen festen Prozentsatz seines Gehalts wieder zurück. Die Investoren erhoffen sich durch dieses Modell einen Gewinn. Nähere Informationen zu diesem Thema findest du bei studis-online: www.studis-online.de/StudInfo/Studienfinanzierung/bildungsfonds_cc.php.

Ein empfehlenswerter Link ist auch www.che.de. Auf dieser Seite des Zentrums für Hochschulentwicklung werden jährlich die Finanzierungsangebote verglichen und bewertet.

Es lohnt sich übrigens, auf das eigene Geld zu achten und bewusst zu sparen, wo es sinnvoll ist. Auf keinen Fall solltest du bei deiner gesunden Ernährung sparen, sie ist wichtig, um im Studium gute Leistungen zu bringen. Aber du kannst beispielsweise ein Haushaltsbuch führen, um einen Überblick über deine Ausgaben zu bekommen. Dann siehst du relativ schnell, wo du vielleicht noch Geld sparen kannst. Da gibt es heutzutage auch spezielle App-Lösungen. Dein Studentenausweis berechtigt zumeist auch als Studententicket zum Benutzen der öffentlichen Verkehrsmittel in deiner Stadt. Brauchst du doch mal ein Auto für einen Transport, kann man dieses auch leihen. Ein WG-Zimmer ist manchmal günstiger als eine eigene kleine Wohnung, da du dir hier die großen Posten wie Kühlschrank oder Waschmaschine mit anderen teilen kannst. Außerdem ist es gerade am Anfang eines Studiums schöner, nicht alleine zu wohnen. Eine günstige Alternative ist ein Zimmer in einem Studentenwohnheim, auch hier hast du schnell Anschluss, es gibt häufig eine Gemeinschaftsküche und Gemeinschaftsräume. Diese Zimmer sind sehr kostengünstig und oft zentral gelegen, aber leider deshalb auch sehr begehrt. Häufig musst du dich schon dort bewerben, bevor du überhaupt eine Studienplatzzusage hast. Es gibt in der Regel, je nach Studienort, lange Wartelisten. Doch einen Versuch ist es immer wert. Beim Studentenwerk gibt es häufig auch eine private Zimmervermittlung. Hier werden preiswerte Zimmer von Privat angeboten.

Auf Wochenmärkten lohnt es sich, kurz vor der Schließung einkaufen zu gehen. Gegen Ende sinken häufig noch einmal deutlich die Preise. An vielen Einrichtungen des kulturellen und sportlichen Lebens gibt es Studentenrabatte. Sport kannst du übrigens günstig an der Hochschule machen, das Angebot ist riesig und sehr günstig. Das teure Fitnesscenter kannst du dir so sparen.

Auch bei der Kleidung kannst du viel Geld sparen, wenn du Second Hand einkaufst. Das Angebot ist mittlerweile so groß, dass sich da auch gute, saubere und intakte Sachen mit modernem Style finden lassen. Rabatte gibt es häufig auch online, beispielsweise unter www.studenten-spartipps.de. Auch deine Steuererklärung kann sich lohnen, wenn du besondere Anschaffungen getätigt hast. Medien wie Bücher oder Filme kannst du sehr gut aus öffentlichen Bibliotheken ausleihen. Das spart nicht nur Geld, sondern auch Platz.

Kurzfristige finanzielle Unterstützung im Bedarfsfall
Trotz Inanspruchnahme von finanzieller Unterstützung wie BAföG oder Stipendien kann es Situationen geben, in denen kurzfristig das Geld nicht reicht, beispielsweise für nötige Anschaffungen wie einen Computer, Materialien für das Labor oder eine Studienfahrt. Diese Situation ist belastend, aber du sollst wissen, dass es auch für Notfallsituationen Hilfe gibt und das kein Grund sein muss, das Studium zu beenden. Es gibt hochschulintern, aber auch regionsübergreifend Institutionen mit verschiedenen Notfalltöpfen, die für solche Situationen einspringen. Zunächst einmal solltest du versuchen, offen das Thema anzusprechen. Sei versichert, es geht vielen anderen genauso wie dir, und du musst dich dafür keinesfalls schämen! Im Gegenteil. Wer ohne Unterstützung von Zuhause alleine ein Studium stemmt, verdient höchsten Respekt. Bei ArbeiterKind.de triffst du viele, die ähnliche Situationen gemeistert haben und dich und deine Gefühle sehr gut verstehen.

Ansprechpartner für Notfälle sind zum einen die Studentenwerke und Sozialberatungen der Hochschulen. Sie bieten beispielsweise Freitische in der Mensa an oder zahlen eine Einmalhilfe. Auch die Asten können helfen, hier gibt es unbürokratische Soforthilfe bis zu 500 EUR. Nicht zuletzt kannst du dich auch an die Kirchengemeinde wenden, die im Bedarfsfall Mieten oder technische Anschaffungen mitfinanziert. Wende dich immer auch an deine ArbeiterKind.de-Gruppe bzw. schreibe deine Fragen im ArbeiterKind.de-Netzwerk. Dort triffst du viele, die ähnliche Erfahrungen gemacht haben und dir wertvolle Tipps geben können.

Erfolgreich studieren 4

Du hast dich für ein Studium entschieden, möchtest es aber selbstverständlich mit Erfolg abschließen.

Vielleicht bewegen dich gerade folgende Fragen:

- Wie finde ich mich in einer fremden Stadt in einer Universität zurecht?
- Welche Studienangebote gibt es, was kann, was sollte ich unbedingt nutzen?
- Wie kann ich die Studienveranstaltungen, die Lernphasen und das Jobben gut organisieren? Schaffe ich das alles?
- Wie überwinde ich meine Angst vor dem Unbekannten?

- Kann ich überhaupt neben den anderen Studierenden bestehen?
- Werde ich mich von meiner Familie entfremden, wenn ich mehr und mehr in die Hochschulwelt eintauche?

4.1 Wie gelingt dein Studieneinstieg?

Du hast es geschafft, du bist an einer Hochschule eingeschrieben, hast ein Zimmer gefunden und deine Finanzierung erst einmal gesichert. Dieser Schritt bedeutet für dich natürlich erst mal eine große Veränderung. Wenn dir die neue und ungewohnte Umgebung Angst macht, verzweifle nicht. Wenn du von der ersten Zeit an der Hochschule überwältigt bist und dir der Durchblick fehlt, mach dir keine Sorgen. Du kannst sicher sein, dass es allen anderen genauso geht wie dir. Du hast die Befähigung zum Studium, also kannst du auch selbstbewusst auftreten. Schau dir die Studienordnung genau an und suche den Austausch mit anderen Studierenden. Schau auch nach, welche Unterstützung deine Hochschule bietet. Denn viele Hochschulen bieten Start- und Orientierungshilfen für Erstsemester an. Nutze das Angebot, beispielsweise sogenannte Brückenkurse in Mathematik, die vor Beginn des ersten Semesters in den entsprechenden Fächern stattfinden. Es gibt je nach Fachrichtung Einführungskurse, auch Empfehlungen für Studienpläne und Tipps für ihre Erstellung sind auf den Hochschulseiten abrufbar.

Wenn du unsicher bist, welche Kurse du belegen sollst oder wie du dein Studium strukturieren sollst, nutze die Beratungsangebote an der Hochschule. Die Fachschaft, also die Studentenvertretung deines Studienfaches, kann dir weiterhelfen, auch die Fachstudienberater sind für dich wichtige Ansprechpartner, die dir bei der Stundenplanerstellung helfen. Wichtig ist, die Pflichtkurse zu belegen, denn da sammelst du wertvolle Punkte für dein Studium. Wenn du neben der Vor- und Nachbereitung und vielleicht deinem Job noch Zeit verfügbar hast, kannst du noch zusätzliche Kurse belegen, die dich interessieren, aber für dein Studium nicht relevant sind. Gerade am Anfang sind alle Studierenden offen für neue Kontakte, nutze die Gelegenheit. Wenn du Anschluss findest, hilft dir das sehr beim Studieneinstieg, du fühlst dich wohl und hast AnsprechpartnerInnen, die dir wertvolle Tipps geben können und auch mal eine Frage beantworten können. Nutze auch jederzeit das Angebot, die ArbeiterKind.de-Gruppe in deiner Nähe aufzusuchen. Dort findest du immer Gleichgesinnte, die gerne unterstützen und ihre Erfahrungen teilen. Bei fachlichen Fragen wendest du dich am besten an den jeweiligen Dozenten bzw. die Dozentin. Jede Lehrkraft steht in Sprechstunden für persönliche Gespräche zur Verfügung. Auch bei inhaltlichen Fragen zu deiner Hausarbeit nutzt du am besten die jeweilige Sprechstunde. Über die

Grundlagen wissenschaftlichen Arbeitens gibt es Literatur, oft veranstalten die Hochschulen auch Kurse zu diesem Thema. Um die Klausuren zu bestehen, lohnt es sich andere Studierende zu fragen, ob sie mit dir zusammen eine Lerngruppe bilden wollen. Ihr trefft euch dann in den Wochen vor der Klausur, um gemeinsam zu lernen.

4.2 Welche typischen Herausforderungen können dir begegnen?

Wenn du der oder die Erste in der Familie an einer Hochschule bist, bist du möglicherweise sehr nervös und unsicher. Die Hochschulwelt, der akademische Habitus, also die Art und Weise, sich an einer Hochschule auszudrücken und zu verhalten, ist dir fremd. Hinzu kommen oft starke Selbstzweifel, ob das wirklich die richtige Entscheidung war und ob du es wirklich bis zum erfolgreichen Abschluss schaffen wirst. Du hast Angst, dich von deiner Familie und deinen Freunden zu entfremden, bist aber gleichzeitig noch nicht in der neuen Lebenswelt angekommen. Außerdem hast du das Gefühl, dass du einem sehr starken Druck ausgesetzt bist, die Erwartungen zu erfüllen. Häufig setzen sich Studierende der ersten Generation auch selbst unter Druck, meinen, 150 % geben zu müssen, um akzeptiert und anerkannt zu werden. Du merkst schnell, es gibt Unterschiede unter den Studierenden. Diejenigen, die aus einem akademischen Elternhaus kommen, haben in der Regel ein größeres Selbstbewusstsein, können sich adäquat ausdrücken und ohne allzu große Ehrfurcht den Lehrkräften gegenübertreten. Doch wir können dir aus eigener Erfahrung versichern: das ist ganz normal! Gib dir etwas Zeit, alles kennenzulernen, tausche dich mit anderen Studierenden aus, suche dir Hilfe, wenn du einmal nicht weiterweißt. Du musst Schwierigkeiten nicht alleine durchstehen. Schon bald wirst du dich besser zurechtfinden, die Unsicherheit weicht und du fühlst dich in deiner neuen Umgebung wohler. Du wirst merken, die anderen kochen auch nur mit Wasser, sie sind genauso nervös und manchmal überfordert, können es vielleicht nur besser verbergen oder haben Unterstützung durch ihr Elternhaus. Lass dich nicht abschrecken, sondern gehe deinen eigenen Weg!

Was kannst du tun, wenn du dich im Studium nicht wohl fühlst oder du mit deinen Leistungen unzufrieden bist? Zunächst ist es wichtig, sich bewusst zu machen, dass ein Studium sich doch stark von der Schule unterscheidet und eine große Veränderung für dich ist. Gib dir Zeit, dich an die neue Situation zu gewöhnen und dich erst mal im Studium zu orientieren. Es ist ganz normal, dass nicht alles von Anfang super läuft und dass man auch mal ein Referat oder eine Klausur verhaut. Setze dich nicht zu sehr unter Druck, sondern gib einfach dein Bestes und mach weiter. Gerade in Phasen, wo es nicht so gut läuft, besteht die Gefahr, zu schnell hinzuschmeißen oder Entscheidungen zu treffen, weil man ungeduldig ist und hohe Erwartungen an sich selbst stellt. Schaue auf unserer Internetseite www.arbeiterkind.de nach der nächsten lokalen ArbeiterKind.de-Gruppe in deiner Nähe und geh einfach zum nächsten Treffen. Dort kannst du dich mit Gleichgesinnten austauschen. Sie haben Verständnis für deine Situation und können dir vielleicht einige hilfreiche Tipps geben. Zudem gibt es viele Unterstützungsangebote an deiner Hochschule, die du nutzen kannst. Wenn du den Eindruck hast, dein Studienfach ist doch nicht das richtige, suche beispielsweise das Gespräch mit der Studienberatung an deiner Hochschule. Macht dir das wissenschaftliche Arbeiten Schwierigkeiten? Schau nach, ob es an deiner Hochschule Kurse dazu gibt oder ob dir jemand von deinen Mitstudierenden behilflich sein kann. Wenn es dir nicht gut geht oder du Probleme hast, ist es besonders wichtig, dass du dich nicht zurückziehst, sondern das Gespräch mit anderen Studierenden und Beratungsstellen suchst, um deine Gefühle herauszulassen und nach Lösungen zu suchen. Lass dich unterstützen. Niemand erwartet, dass du alles allein schaffst. Im Gegenteil, es ist eine Stärke sich aktiv Unterstützung zu suchen und diese Fähigkeit ist auch im späteren Berufsleben von Vorteil.

4.3 Wie kannst du deine Stärken für dein Studium nutzen?

Häufig haben gerade diejenigen, die besonders für die Verwirklichung ihrer Träume kämpfen mussten, eine besondere Stärke. Sie haben sich gegen Widerstände durchsetzen und sich früher als andere mit existenziellen Fragen auseinandersetzen müssen. Viele wachsen über sich hinaus, entfalten einen starken Willen zum Erfolg und engagieren sich für ihre Ziele. Sei dir bewusst, du hast unglaublich viele Hürden genommen, bevor du die Hochschule betreten hast. Es hat dich viel mehr Energie gekostet als andere, deren Bildungsweg gradlinig verläuft. Aber du bist an den Herausforderungen gewachsen, hast dir vieles eigenständig erarbeitet und kannst mit Recht stolz auf dich sein. Nutze deine Durchsetzungskraft, deinen Willen für den weiteren Bildungsaufstieg. Du hast Ausdauer und Fleiß bewiesen, hast kreativ Problemlösungsstrategien und Ideen für dein Fortkommen entwickelt. Diese Fähigkeiten werden dir im Studium, aber auch im späteren Berufsleben sehr nützlich sein.

4.4 Was solltest du im Studium nicht verpassen?

Das Studium solltest du ernst nehmen, und durch die Neustrukturierung der Studiengänge in Bachelor und Master erfordert ein Studium heutzutage mehr Disziplin als früher. Dennoch solltest du auch über deinen Tellerrand schauen und auch deine Freizeit sinnvoll gestalten. Ein Studium bietet eine Fülle von Angeboten, die dein Leben bereichern und dir wertvolle Erfahrungen ermöglichen. Du triffst viele andere Menschen, schließt Freundschaften, die dich vielleicht dein Leben lang begleiten. Ein großes Netzwerk kann dir auch im späteren Berufsleben Vorteile verschaffen. Du kannst dir deine Zeit relativ frei einteilen, bist nicht so festgelegt wie später im Berufsleben. Wenn du dich auch für andere Studienfächer interessierst, kannst du Veranstaltungen anderer Fakultäten besuchen. Im Rahmen des „Studium Generale" werden immer wieder auch Vorlesungen für alle Interessierten angeboten. Dadurch kannst du deinen Horizont erweitern, dein Allgemeinwissen verbessern oder berufsbezogene Schlüsselqualifikationen erwerben. Über den Hochschulsport kannst du eine Fülle von Sportarten belegen. Das Angebot ist riesig, du kannst neue Sportarten ausprobieren, oder deiner Lieblingssportart nachgehen und auch hier Kontakte knüpfen. Sport ist außerdem ein sinnvoller Ausgleich zum Unistress.

Ein Studium bietet dir auch eine tolle Möglichkeit, ins Ausland zu gehen. Es gibt Stipendien, die dir bei der Finanzierung und bei den Formalitäten helfen. Auf der Seite „go out! Studieren weltweit", www.studieren-weltweit.de, erhältst du viele Anregungen aus unterschiedlichen Ländern. Der Deutsche Akademische Austauschdienst (DAAD) ist die weltweit größte Förderorganisation. Er organisiert Studienplätze, aber auch Praktika und Sprachkurse weltweit, vergibt Stipendien und ist Ansprechpartner rund um das Thema Auslandsstudium. Er ist für dich insbesondere interessant, wenn du außerhalb Europas studieren möchtest. Innerhalb Europas gibt es Erasmusplus, das Förderprogramm der Europäischen Union für allgemeine und berufliche Bildung, Jugend und Sport. Du kannst für ein Semester oder ein Studienjahr an einer Partnerhochschule im europäischen Ausland studieren. Die Kurse werden dir meist angerechnet und du bekommst einen Mobilitätszuschuss. Du kannst auch studienbegleitende Praktika mit Erasmus im Ausland absolvieren. In der Regel gibt es Erasmus-Sprechstunden an deiner Hochschule, wo du mehr Informationen erhältst. Ein Auslandssemester oder Auslandsjahr ist eine große Bereicherung für dich. Du lernst eine fremde Sprache besser kennen, triffst Menschen aus vielen verschiedenen Ländern und erwirbst interkulturelle Kompetenz, die auch im späteren Berufsleben von Vorteil sein kann. Der Organisationsaufwand lohnt sich!

Bei der Organisation und der Finanzierung eines Auslandsstudiums bist du an deiner Hochschule in besten Händen. An jeder Hochschule gibt es ein Akademisches Auslandsamt, das oft auch International Office heißt. Hier sitzen MitarbeiterInnen der Hochschule, die sich mit den Förderprogrammen auskennen, die Beziehungen zu den Partnerhochschulen pflegen und gerne Studierende dabei unterstützen, sich ein Auslandssemester oder -jahr zu organisieren. Alles was du tun musst, ist dir kurz die Webseite des Auslandsamts deiner Hochschule anzuschauen und dann während der Sprechzeiten ins Büro zu gehen. Je früher du dort vorbeischaust, desto besser. Ein Jahr vor dem geplanten Auslandsaufenthalt wäre eine gute Zeitspanne.

4.5　Was sagt deine Familie dazu?

Du bist in der Hochschulwelt angekommen und freust dich vielleicht über erste Erfolge. Doch gerade am Anfang ist die Familie ein wichtiger Rückzugsort, wo du im Idealfall emotional auftanken kannst und Unterstützung bekommst. Viele Familien sind stolz, wenn ihr Kind einen höheren Bildungsabschluss anstrebt, als sie selbst erreicht haben. Sie sind offen für Neues, finden sich mit den Veränderungen schnell zurecht und sind ihrem Kind eine wertvolle Stütze. Doch vielleicht reagiert deine Familie nicht so offen auf Veränderungen, zeigt wenig Verständnis für deine Entscheidung und schätzt es daher auch nicht wert, wenn du beispielsweise eine schwierige Prüfung erfolgreich gemeistert hast und zu

4.5 Was sagt deine Familie dazu?

Recht stolz zu Hause davon berichtest. Sei nicht enttäuscht, wenn du die Anerkennung der Familie während deines Studiums vermisst. Versuche, ihnen das Gefühl zu geben, dass du dich mit dem Studium nicht gegen sie entschieden hast, sondern für deine Zukunft. Spätestens wenn du dein Studium geschafft hast und den ersten Job angetreten hast, ist meist auch die Familie zufrieden und stolz auf deine Leistung. Während des Studiums können die Eltern oft nicht einschätzen, wo du gerade stehst, warum eine bestimmte Prüfung wichtig ist und wofür das Studium nützlich ist. Viele Eltern haben auch Angst vor der Entfremdung von ihrem Kind. Es ist wichtig, in Kontakt zu bleiben und viel aus dem Hochschulalltag zu erzählen, aber auch Interesse an den Themen der Familie zu zeigen. Du kannst beispielsweise deine Eltern in deine Hochschulstadt einladen und ihnen deinen Alltag zeigen. Wenn dich die Situation belastet, nimm Kontakt zu deiner lokalen ArbeiterKind.de-Gruppe auf. Dort findest du viele Studierende, die ähnliche Erfahrungen machen wie du. Der Austausch kann dir helfen, mit der Situation besser umzugehen. Wenn dein Studienfach auf Unverständnis im Familienkreis stößt, überlege dir eine gut verständliche Beschreibung der Studieninhalte und auch der späteren beruflichen Perspektive. Damit musst du dich nicht festlegen, aber du nimmst den Skeptikern erst einmal den Wind aus den Segeln und wirst dadurch auch selbst nicht so leicht verunsichert.

Den Studienabschluss in der Tasche und jetzt? 5

Du hast dein Studium erfolgreich abgeschlossen.

> **Jetzt stellen sich dir viele Fragen:**
> - Welche Möglichkeiten habe ich nun mit meinem Studium?
> - Wie finde ich einen Job, der zu mir passt?
> - Wo liegen meine Stärken? Wo kann ich mich am besten einbringen?
> - Wie kann ich meine Kontakte aus dem Studium nutzen?
> - Macht es Sinn, im Hinblick auf einen bestimmten Beruf zu promovieren?

5.1 Welche Berufsperspektiven gibt es für AkademikerInnen?

Grundsätzlich stehen AkademikerInnen viele Möglichkeiten offen, welchen Berufsweg sie nach dem Studium einschlagen können. Ein akademischer Abschluss befähigt häufig nicht für ein enges Berufsfeld, sondern bildet die Grundlage für den Einstieg in unterschiedliche Tätigkeitsbereiche. Grundsätzlich sind die Berufsperspektiven für AkademikerInnen sehr gut, nur ein geringer Prozentsatz von 2,4 gilt als arbeitssuchend, während der Prozentsatz der Arbeitssuchenden im Durchschnitt bei 6,9 liegt. Allerdings findet nicht jeder unbedingt einen Job in dem gewünschten Bereich. Das trifft insbesondere für die Geisteswissenschaften, aber auch andere Fächer zu. Andererseits zeichnen sich gerade GeisteswissenschaftlerInnen durch ein hohes Maß an Flexibilität, Einsatzbereitschaft und Ausdauer aus, viele finden so ihren Weg in den Beruf. Wichtig ist, dass du dich frühzeitig mit möglichen Berufszielen auseinandersetzt. Als AkademikerIn bringst du nicht nur einen fachlichen Abschluss mit, sondern auch Schlüsselqualifikationen, die dich für bestimmte Berufe empfehlen.

5.2 Warum beginnt der Berufseinstieg bereits im Studium?

Du solltest dir von Anfang an Gedanken machen, wie deine Tätigkeit später einmal aussehen könnte. Diese Vorstellungen können sich selbstverständlich im Laufe des Studiums noch ändern. Wichtig ist, neben dem Studium möglichst viel praktische Berufserfahrung zu sammeln, in Form von Praktika oder Studentenjobs oder auch ehrenamtlichem Engagement. Auch Weiterbildung, sei es in Sprachen oder im IT-Bereich, gehört dazu. Praktika sind heutzutage häufig auch Pflicht laut Studienordnung. Praktische Erfahrung und das Kennenlernen von unterschiedlichen Branchen oder Bereichen bringen dir entscheidende Pluspunkte bei der späteren Berufsfindung. Du kannst Zeugnisse vorlegen, die deine Tätigkeiten während des Praktikums auflisten und deine Arbeit bewerten. Du kannst wichtige Kontakte knüpfen, ein Netzwerk aufbauen und davon später profitieren. Wenn du als Erste oder Erster in der Familie studierst, ist dieses Netzwerk umso wichtiger, da du höchstwahrscheinlich nicht, wie manche der anderen MitstudentInnen, auf ein familiäres Netzwerk zurückgreifen kannst. Nutze die Zeit des Studiums, um herauszufinden, was dir Spaß macht, wo deine Stärken liegen und in welche Richtung du dich später beruflich weiterentwickeln möchtest. Vielleicht bedarf es noch weiterer Zusatzqualifikationen, beispielsweise wenn du dich selbstständig machen möchtest? Dann kannst du dich rechtzeitig um die notwendigen Kenntnisse kümmern und verlierst nicht wertvolle Zeit.

5.3 Wie findest du deinen ersten Job?

Wie finde ich einen Job? Zunächst solltest du dir genau überlegen, welche Position du gerne ausfüllen möchtest. Wer Glück hat, hat schon im Studium einen Kontakt zu einem Arbeitgeber hergestellt, vielleicht auch im Rahmen der Bachelor- oder Masterarbeit, und kann im Anschluss dort einsteigen. Doch in der Regel musst du dich jetzt auf die Suche nach potenziellen Arbeitgebern begeben. Dabei helfen eine klare Strategie und auch etwas Geduld. Die meisten AbsolventInnen benötigen

5.3 Wie findest du deinen ersten Job?

ein halbes bis drei viertel Jahr, um den Berufseinstieg zu finden. Setz dich also nicht unnötig unter Druck, sondern gehe mit Ruhe strategisch vor. Das ist manchmal leichter gesagt als getan, wenn die Finanzen knapp werden und die Familie dir in den Ohren liegt, doch endlich arbeiten zu gehen. Du kannst auch nach dem Abschluss erst einmal Praktika oder Minijobs annehmen.

Zunächst solltest du dir über deine Stärken, Vorstellungen und Wünsche klar werden. Nur wer von sich überzeugt ist, kann auch andere überzeugen. Informiere dich über die Möglichkeiten, die dein Studienabschluss bietet. Welche Praktika hast du absolviert? Auch Erfahrung aus Studentenjobs, Sprachkenntnisse und EDV-Kenntnisse sind wichtig. Erstelle eine Basisbewerbungsmappe, damit du im Zweifelsfall schnell reagieren kannst. Dazu gehören das Anschreiben, ein tabellarischer Lebenslauf, ein bei einem Fotografen bzw. einer Fotografin erstelltes professionelles Bewerbungsfoto und Kopien sämtlicher Zeugnisse. Heutzutage erfolgt die Bewerbung fast nur noch online, daher solltest du alles digital bzw. eingescannt aufbereiten. Der Lebenslauf sollte die aktuelle Phase an den Anfang stellen und dann chronologisch bis zur Schulzeit zurückgehen. Praktika, Auslandsaufenthalte, Fortbildungen etc. gehören da hinein. Zu deinen Stationen solltest du in Stichpunkten die wichtigsten Tätigkeiten aufzählen, die du dort gemacht hast und die für die ausgeschriebene Stelle relevant sind. Du solltest für diese Angaben auch Nachweise beifügen. Auch ehrenamtliche Tätigkeiten oder Freizeitaktivitäten, die dich qualifizieren, solltest du erwähnen. Das Foto kann auf dem Deckblatt integriert werden. Dort werden alle Bestandteile deiner Bewerbung als kleines Inhaltsverzeichnis aufgelistet. Am wichtigsten, aber auch am schwierigsten ist das Anschreiben. Es sollte nicht viel länger als eine Seite sein, keine Floskeln enthalten, sondern passgenau auf die Stellenausschreibung eingehen und zeigen, dass du die geforderten Qualifikationen mitbringst. Du musst aber keineswegs 100 % erfüllen! Die Stellenausschreibungen enthalten immer die maximale Wunschvorstellung des Arbeitgebers, es ist also durchaus in Ordnung, wenn du wesentliche Punkte erfüllst und signalisierst, dass du dir fehlende Qualifikationen schnell aneignest. Formuliere selbstbewusst, bleibe aber ehrlich in deiner Selbstbeschreibung. Die Bewerbung sollte auch äußerlich einen guten Eindruck machen, d. h. in einer ordentlichen Mappe ohne Rechtschreibfehler oder Kaffeeflecken vorgelegt werden. Online werden in der Regel alle Dateien in einer Gesamt-PDF-Datei zusammengefasst und mit einem ordentlichen E-Mail-Anschreiben verschickt oder auf Bewerbungsseiten hochgeladen. Denke auch daran, dir ein ansprechendes Profil auf beruflichen Netzwerkseiten im Internet wie XING oder LinkedIn anzulegen. Die Wahrscheinlichkeit ist groß, dass ein potenzieller Arbeitgeber dein Profil anschaut. Wenn du die Basis gelegt hast, kannst du mit der Suche beginnen.

Es gibt heutzutage unzählige Online-Jobportale, sehr große allgemeine wie die Jobsuche der Bundesagentur für Arbeit www.arbeitsagentur.de/jobsuche, www.stepstone.de oder www.monster.de, aber auch viele kleine Spezialportale, die bestimmte Branchen abdecken. Besondere Portale für akademische Berufe findest du auf jobs.zeit.de oder auf www.wila-arbeitsmarkt.de. Einen guten Überblick bekommst du auf der Netzwerkseite von www.arbeiterkind.de zum Thema Berufseinstieg und Karriere. Dort findest du auch weitere Tipps zum Bewerbungsprozess. Da viele Stellen gar nicht ausgeschrieben werden, lohnt es sich auch, selber seine Wunschstelle zu suchen und sich initiativ zu bewerben.

ArbeiterKind.de bietet auch Workshops zum Thema Berufseinstieg an. Dort wirst du von professionellen PersonalberaterInnen gecoacht, erhältst Tipps und Strategien und kannst dich mit anderen AbsolventInnen austauschen. Außerdem kannst du über das Berufseinstiegsmentoring-Programm von ArbeiterKind.de einen Mentor oder eine Mentorin anfragen, der oder die dich individuell begleitet und unterstützt. Die MentorInnen stehen im Berufsleben und kennen die Hürden und Wege bei der Jobsuche.

Die Zeit zwischen Studienabschluss und erstem Beruf kann zermürbend sein. Vielleicht bist du arbeitslos gemeldet, oder hältst dich mit kleinen Jobs über Wasser. Wer viele Bewerbungen schreibt, ohne eine Einladung zum Gespräch zu erhalten, zweifelt irgendwann an sich selbst. Du kannst ein Bewerbungstraining einschieben, um sicherer zu werden. Dort werden auch Bewerbungsgespräche geübt und du lernst, dich und deine Stärken gut zu präsentieren und dein Gehalt zu verhandeln. Halte durch! Du solltest nicht zu schnell von den eigenen Vorstellungen und Zielen abweichen. Für den ersten Job musst du vielleicht auch mal für ein oder zwei Jahre woanders hinziehen und dich auf eine Fernbeziehung in der Zeit einlassen. Es braucht manchmal eben länger, und vielleicht ist auch ein kleiner Umweg notwendig, aber am Ende findest du deinen Platz. Sei versichert, den anderen geht es genauso!

5.4 Möchtest du eine Doktorarbeit schreiben?

Vielleicht hast du die Möglichkeit, einen Weg in die wissenschaftliche Forschung fortzusetzen und zu promovieren? Du solltest dir vorher gut überlegen, welche Karriereziele du damit verfolgst, ob es sinnvoll ist, diesen Weg einzuschlagen. Für manche Berufsbilder ist die Promotion Voraussetzung, beispielsweise in vielen naturwissenschaftlichen Fächern oder der Medizin, aber auch der Kunstgeschichte. In anderen Berufsfeldern bist du mit einem Titel sehr auf die wissenschaftliche Tätigkeit festgelegt und dir wird fehlende Berufspraxis nachgesagt. Erkundige dich also vorher gut. Du kannst dich auch in der ArbeiterKind.de-Gruppe DoktorandInnen, Promotion, Dissertation austauschen und vernetzen. Dort erhältst du auch Tipps zu Fragen wie: „Wie bereite ich ein Exposé vor?", „Wie finde ich eine

5.4 Möchtest du eine Doktorarbeit schreiben?

geeignete Doktormutter/einen geeigneten Doktorvater?" Auch Zeitmanagement oder der Umgang mit Stress sind Fragen, die dir bei diesem Thema begegnen werden. Eine Promotion ist eine neue, herausfordernde Situation und nicht mit deiner Erfahrung aus dem Master gleichzusetzen. Neben wissenschaftlicher Kompetenz musst du ein hohes Maß an Selbstmotivation, Ausdauer und Frustrationstoleranz mitbringen. Die Promotion ist ein Prozess, der über mehrere Jahre geht und entscheidend von der Betreuung durch den Doktorvater/die Doktormutter abhängt. Gibt es Colloquien für Doktoranden? Ist der Doktorvater/die Doktormutter für Gespräche erreichbar? Kennt er oder sie sich mit dem Thema aus? Der Doktorvater/die Doktormutter ist MentorIn und PrüferIn zugleich, das macht das Verhältnis manchmal schwierig.

Wenn du im Rahmen eines Forschungsprojektes am Lehrstuhl promovierst oder im Rahmen eines Doktorandenprogramms, ist es leichter, als es als Einzelkämpfer zu versuchen. Als wissenschaftliche Mitarbeiterin/wissenschaftlicher Mitarbeiter bist du bereits im wissenschaftlichen Betrieb und erhältst ein Einkommen. Allerdings arbeiten viele DoktorandInnen zu viel, es bleibt oft zu wenig Zeit, um mit der Promotion voranzukommen. Es gibt ebenfalls Promotionsstipendien, mit denen du mehrere Jahre in Vollzeit an deiner Doktorarbeit sitzen kannst.

Du kannst deine Doktorarbeit auch im Rahmen eines Graduiertenkollegs schreiben. Das hat den Vorteil, dass du nicht alleine bist, sondern in einer Gruppe von DoktorandInnen betreut wirst, die alle zu einem bestimmten Themengebiet oder Fachbereich forschen. Es werden Colloquien, Kurse und Vorträge für DoktorandInnen angeboten. Oft erhältst du im Rahmen eines Kollegs ein Stipendium für zwei oder drei Jahre. Nähere Informationen findest du auf der Homepage der Deutschen Forschungsgemeinschaft (DFG), www.dfg.de/gefoerderte_projekte/programme_und_projekte.

Du kannst auch bei den 13 Begabtenförderwerken nach einem Stipendium suchen. Neben deinen fachlichen Leistungen ist hierbei auch gesellschaftliches Engagement wichtig. Ein Stipendium bedeutet für zwei oder drei Jahre monatlich eine Zahlung von 1350 EUR sowie eine Forschungskostenpauschale von 100 EUR. Du wirst im Rahmen des Stipendiums auch ideell gefördert und kannst wichtige Kontakte zu anderen DoktorandInnen knüpfen. Ähnlich wie bei den Studienstipendien solltest du dir genau anschauen, welches Förderwerk für dich passt, um deine Chancen zu erhöhen.

Auf dem Weg zur fertigen Doktorarbeit gilt es auf Kurs zu bleiben. Nach vielen Gesprächen mit anderen WissenschaftlerInnen oder PromovendInnen bekommst du oft das Gefühl, deine Arbeit sei noch nicht gut genug oder du müsstest dich noch viel mehr in den Stoff einlesen. Auch kommen häufig Dokorväter/Dokormütter auf immer neue Ideen, was in der Doktorarbeit noch thematisiert werden soll. Viele DoktorandInnen kommen dann jahrelang über das Lesen und Notizen-machen nicht hinaus. Nimm deinen Mut zusammen und fang trotz aller Bedenken nach einem Jahr an, zielgerichtet am Text der Doktorarbeit zu schreiben.

5.5 Welche Stärken du als AkademikerIn der ersten Generation ins Berufsleben einbringst

Es gibt einige Fähigkeiten, die dich als AkademikerIn der ersten Generation auszeichnen und dir sogar einen Vorteil verschaffen können. Du hast unglaublichen Mut, Willensstärke und Durchhaltevermögen bewiesen. Du hast dich gegen viele Widerstände durchsetzen können. Auch Rückschläge haben dich nicht aus der Bahn geworfen, du bist an den Herausforderungen, die dir begegnet sind, gewachsen. Nicht zuletzt kennst du dich in verschiedenen sozialen Welten aus, kannst dich in andere besser hineinversetzen und auf sie eingehen. Das kann in vielen beruflichen Positionen von Vorteil sein. Ob im politischen oder sozialen Bereich, oder auch in der freien Wirtschaft, je nach Position werden Menschen gebraucht, die die Probleme aus eigener Anschauung kennen und im Kontakt mit unterschiedlichen gesellschaftlichen Gruppen vermitteln können. Dein Ideenreichtum und deine Problemlösungskompetenz sind gefragt. Das ist deine Chance!

Schluss: Nur Mut, du schaffst das! 6

Einige, die als Erste/r aus ihrer Familie studieren, empfinden überhaupt keine Schwierigkeiten und sagen später, ihnen sei das gar nicht aufgefallen und sie hätten nie einen Unterschied bemerkt. Für andere ist es jedoch eine große Herausforderung, als Erste aus der Familie zu studieren und sie haben den Eindruck, viele Herausforderungen zu bewältigen. Es hängt viel von der familiären Ausgangssituation und Unterstützung ab oder auch davon, welche Erfahrungen du während deiner Schulzeit gemacht hast. Deine Situation ist immer individuell und einzigartig. Was immer du auch empfindest und was deine Perspektive ist, sie hat ihre Berechtigung. Daher ist es besonders wichtig, sich nicht mit anderen zu vergleichen und seinen eigenen Weg zu gehen. Wir möchten dich ermutigen, deine Träume zu verfolgen. Lass dich nicht beirren von Menschen, die dir sagen: „Meinst du wirklich, dass du das schaffen kannst? Ist das nicht ganz schön schwierig und unrealistisch?" Leider ist es nicht immer leicht, Menschen zu finden, die an einen glauben. Denn viele Menschen glauben leider auch nicht an sich selbst, an ihre eigenen Fähigkeiten und die Möglichkeit, sich weiterentwickeln zu können. Daher ist es umso wichtiger, dass du stets an dich selbst glaubst und dich mit Menschen umgibst, die dich unterstützen und an dich glauben. Man wächst mit seinen Aufgaben, heißt es. Und wir können dies nur bestätigen. Am Anfang konnten wir uns selbst nicht vorstellen, dass wir mal einen Studienabschluss erreichen können oder wie es sein wird, nach dem Studienabschluss zu arbeiten. Das Wissen und die Fähigkeiten, die wir durch das Studium und bisherige Berufsleben erlangt haben, konnten wir uns vorher überhaupt nicht vorstellen. Das Leben und insbesondere der Bildungsweg ist ein schrittweiser Entwicklungsprozess, bei dem Ausdauer gefragt ist. Jeder Mensch ist talentiert und jeder Mensch kann sich weiterentwickeln. Lass dich nicht aufhalten, gehe den Weg, den du für richtig hältst. Und, wenn du mal eine Entscheidung getroffen hast, mit der du unzufrieden bist, so kannst du sie auch immer korrigieren, indem du eine neue Entscheidung triffst. Wenn du mal nicht weiter weißt, suche dir Rat und Unterstützung sowie den Austausch mit Gleichgesinnten. Das wichtigste ist, niemals aufzugeben und einfach weiterzumachen. Jeder hat im Leben Erfolge und Misserfolge. Nur über die Misserfolge redet häufig niemand. Daher schäme dich nicht, wenn du mal ein Ziel nicht erreichst. Versuche daraus zu lernen und es beim nächsten Mal besser zu machen.

Wir hoffen, wir konnten dich mit diesem Ratgeber ermutigen und dir einige hilfreiche Informationen an die Hand geben. Weitere aktuelle Informationen zu ArbeiterKind.de und zum Studium findest du auf unserer Internetseite www.arbeiterkind.de. Nimm mit der nächsten ArbeiterKind.de-Gruppe in deiner Nähe oder uns Kontakt auf. Wir freuen uns, von dir zu hören!

Wir wünschen dir viel Freude dabei, auf deinem weiteren Bildungs- und Berufsweg deine Interessen und Fähigkeiten zu entdecken. Für dein Studium und deinen weiteren Weg wünschen wir dir ganz viel Erfolg! Nur Mut, du schaffst das!

Herzlichst,
Katja Urbatsch und Evamarie König

Was sie aus diesem *essential* mitnehmen können

- Entscheidungshilfe durch Erklärungen zu den verschiedenen Studienarten und Studienfächern
- Praktische Tipps zur Organisation und zum Ablauf eines Studiums
- Einen Überblick über Finanzierungsmöglichkeiten von BAföG bis Stipendien
- Perspektiven nach dem Studienabschluss: Wie Promotion oder Berufseinstieg gelingen
- Mut, deinen eigenen Weg zu gehen und Hürden erfolgreich zu meistern
- Lösungswege zu typischen Fragestellungen für Erstakademiker/innen